图说农村人居环境整治系列丛书

图说粪污变粪肥

——畜禽粪污肥料化利用技术与模式

农业农村部规划设计研究院　编绘

中国农业出版社
北京

前言

习近平总书记强调，畜禽养殖废弃物处理和资源化利用关系6亿多农村居民生产生活环境，关系农村能源革命，关系能不能不断改善土壤地力、治理好农业面源污染，是一件利国利民利长远的大好事，要以就地就近用于农村能源和农用有机肥为主要使用方向加快推进。2017年，国务院印发了《关于加快推进畜禽养殖废弃物资源化利用的意见》（国办发〔2017〕48号），提出全面推进畜禽养殖废弃物资源化利用，加快构建种养结合、农牧循环的可持续发展新格局。截至2020年底，我国畜禽粪污产生量30.5亿吨，畜禽粪污综合利用率达到76%，但仍然存在技术标准化程度低、设施装备水平不高、粪肥还田粗放等问题。为了推广普及畜禽粪污资源化利用技术及成熟模式，促进农业绿色发展，农业农村部规划设计研究院组织编绘了科普绘本《图说粪污变粪肥——畜禽粪污肥料化利用技术与模式》。

本书以图文并茂、通俗易懂的问答方式，对畜禽粪污收集处理方式及肥料化利用模式进行了详细介绍，内容精练，知识全面，希望能够对畜禽粪污肥料化利用技术模式的选择及设施建设运行起到一定的借鉴作用。

书中不足之处在所难免，敬请广大读者批评指正。

编　者

2022年7月

目录

图说粪污变粪肥——畜禽粪污肥料化利用技术与模式

第一章
我国畜禽粪污产生及利用现状

一、我国畜禽粪污产生量有多大？

2020 年末，我国生猪存栏 40 650 万头，奶牛存栏 1 038 万头，肉牛存栏 6 618.3 万头，肉羊出栏 31 941.0 万只，家禽出笼 155.7 亿只，畜禽粪污排放总量约 30.5 亿吨。

每头生猪平均每天产生约
1.1 千克粪便、2.7 千克尿液

每头奶牛平均每天产生约
21.5 千克粪便、11.9 千克尿液

每头肉牛平均每天产生约
12.5 千克粪便、5.7 千克尿液

每头肉羊平均每天产生约
0.8 千克粪便、0.4 千克尿液

每只家禽平均每天产生约
0.15 千克粪便、少量尿液

二、畜禽粪污有哪些环境污染风险?

《第二次全国污染源普查公报》显示,2017年我国畜禽养殖业排放的化学需氧量1000.53万吨,占农业源排放总量的94%;总氮和总磷排放量分别为59.63万吨和11.97万吨,分别占农业源排放总量的42%和56%,畜禽养殖污染已成为农业面源污染的主要来源。畜禽粪便中的有机质及氮、磷等元素进入水体后会导致水体污染。畜禽粪污作为粪肥利用时,若施用过量或无害化处理不彻底,还会导致土壤养分失衡、烧苗和病虫害等问题。另外,畜禽养殖和粪污处理过程中产生的氨气、硫化氢等臭气及温室气体,也会造成大气污染。

畜禽粪污管理不当会影响农村人居环境

畜禽粪污随意排放会导致水体污染

粪肥施用过量或无害化处理不彻底会导致烧苗和病虫害等

臭气控制不当会影响周边居民生活

三、畜禽粪污资源化利用有哪些好处?

畜禽粪污资源化利用是将畜禽粪污作为原料进行物质回收、能源回收等利用的过程,可以大幅减少养殖污染排放,改善农村人居环境。畜禽粪肥中含有丰富的养分和有机质,还田利用可改善土壤结构,促进耕地质量提升;另外,通过沼气工程可生产沼气,替代化石燃料,改善农村地区清洁用能结构,促进农村地区低碳减排。

粪肥还田利用可以改善土壤结构,提高耕地质量,促进优质农产品生产

促进多能互补,优化农村能源结构

可以防治农业面源污染,减少村域黑臭水体,实现水清岸绿

村容村貌得到改善,助力建设宜居宜业和美乡村

四、不同畜禽品种粪污有什么特点?

畜禽粪便的成分主要是纤维素、半纤维素、木质素、蛋白质、脂肪、有机酸、酶和各种无机盐类等。不同畜禽品种因摄入食物种类、消化系统、消化周期、生长阶段等差异导致粪便成分存在差异,对粪污处理和资源化利用路径的选择有不同要求。

图说粪污变粪肥——畜禽粪污肥料化利用技术与模式

五、不同畜禽品种粪污肥料化利用常用技术路径有哪些？

应根据不同畜禽品种、养殖规模和清粪方式选择适宜的技术路径。

畜禽品种	技术路径
生猪	①漏缝地板→水泡粪→密闭贮存发酵或沼气发酵→就近农田利用； ②漏缝地板→刮粪板干清粪→固液分离→固体堆沤肥就近农田利用或加工商品有机肥／液体密闭贮存发酵后就近农田利用； ③漏缝地板→刮粪板干清粪→异位发酵床→堆沤肥就近农田利用或加工商品有机肥； ④集中收集→大型沼气工程→沼液沼渣就近农田利用。
奶牛	①刮粪板清粪→地沟收集→固液分离→固体生产牛床垫料或加工商品有机肥／液体密闭贮存发酵后就近农田利用； ②干清粪→固体堆沤肥／液体密闭贮存发酵后就近农田利用； ③集中收集→大型沼气工程→沼液沼渣就近农田利用。
肉牛和肉羊	①干清粪→固体堆沤肥就近农田利用或加工商品有机肥／液体密闭贮存发酵后就近农田利用； ②垫料养殖→堆沤肥就近农田利用或加工商品有机肥。
蛋鸡和肉鸡	①传送带清粪→固体堆沤肥就近农田利用或加工商品有机肥／液体密闭贮存发酵后就近农田利用； ②刮粪板清粪→固体堆沤肥就近农田利用或加工商品有机肥／液体密闭贮存发酵后就近农田利用。

第二章
常用畜禽粪污收集技术

一、什么是干清粪?

　　干清粪指畜禽排泄的粪便通过机械或人工收集清除，尿液、残余粪便及冲洗水则从排污道排出的清粪方式。干清粪可以实现源头节水，养殖场污水排放量上限为每百头牛 17~20 米^3/天，每百头猪 1.2~1.8 米^3/天，每千只鸡 0.5~0.7 米^3/天。干清粪可分为人工清粪和机械清粪两种。

　　人工清粪：指人工利用清扫工具清扫收集畜禽舍内粪便，劳动量大，生产效率低。

人工清粪

推粪车

　　机械清粪：指采用专用的机械设备进行清粪，可分为机械设备清粪和刮板清粪等。机械清粪效率高，但一次性投资较大，运行维护费用较高。

机械设备清粪

刮板清粪

二、什么是水冲粪？

　　水冲粪指畜禽排放的粪、尿和污水混合进入粪沟，每天数次放水冲洗，粪水沿排污沟或管道流入粪便主干沟后排出的清粪工艺。水冲粪工艺耗水量较大，近年来由于环保和粪污消纳压力等原因，该工艺已逐渐被淘汰。

三、什么是水泡粪？

　　水泡粪指生猪养殖场在漏粪地板下方设置舍内贮存池，注入一定量水，产生的粪、尿等进入舍内贮存池，贮存一定时间（一般为 1~2 个月），待舍内贮存池填满后，由管道输送至舍外贮存池。尿泡粪是指粪污收集过程中不使用冲洗水，主要为粪便和尿液的混合物，是水泡粪的一种特殊形式，可以显著减少粪污产生量。该工艺在种养结合粪肥还田工程中有很好的推广价值。

舍外贮存池

舍内贮存，一般为 1~2 个月

四、什么是固液分离技术?

固液分离指利用机械装置的离心或筛网截留作用使悬浮固体物质与液体分离的过程。畜禽粪污经固液分离后含水率可降至 60% 以下,得到固体粪便和液体粪污,便于后续处理。

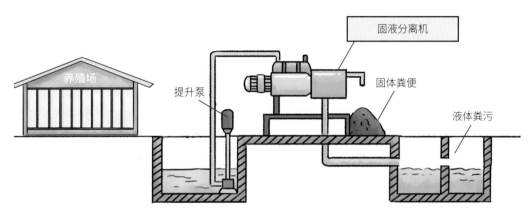

养殖粪污固液分离工艺流程

常用的固液分离机有螺旋挤压分离机和卧式离心分离机等,具有分离效率高、可控性强、人工劳动强度较小、自动化或半自动化水平较高等特点。

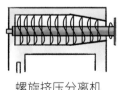

螺旋挤压分离机

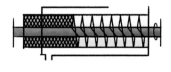

卧式离心分离机

第三章
常用固体粪便处理技术

一、什么是堆肥技术?

　　堆肥也称好氧发酵,是指在人工控制条件下,通过调节堆体水分、碳氮比、通风等参数,利用微生物的作用,在高温(50~70℃)条件下,将固体粪便中的病原、杂草种子等杀灭,同时降解有机物,形成安全无害的有机肥料的过程。常见堆肥技术有简易堆沤、反应器堆肥和工厂化堆肥等。为提高堆肥效果,可添加专用微生物菌剂提高堆肥效率和质量。

干清粪

秸秆、锯末等辅料

固体粪便

堆肥棚

有机肥　机肥

1. 什么是简易堆沤?

简易堆沤是将固体粪便与秸秆或腐熟堆肥等简单混合后堆置,经发酵腐熟后,产生的腐熟肥料可施用于周边农田。粪便堆沤时间一般不少于 60 天,并防止玻璃、石块等杂物混入。

挑出玻璃、石块等杂物

与辅料混合

秸秆、锯末等辅料

2. 什么是反应器堆肥？

反应器堆肥是将畜禽粪便与辅料混合后置入立式筒仓式、滚筒式、箱式等形式的反应器内，进行好氧发酵，单个反应器处理能力一般不超过 20 吨 / 天。该技术的主要优点是发酵周期短，占地面积小，不需要建设大型堆肥场所，保温节能效果好，自动化程度高，臭气易控制；主要缺点是单体处理量小，投资高，适用于中小规模畜禽粪污处理。

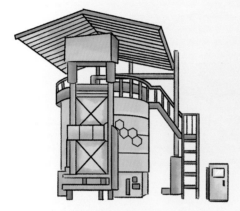

立式筒仓式堆肥反应器

物料从反应器上方进料，反应器内设有搅拌、曝气及除臭系统，实现物料充分发酵腐熟

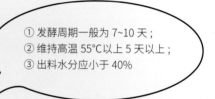

① 发酵周期一般为 7~10 天；
② 维持高温 55℃以上 5 天以上；
③ 出料水分应小于 40%

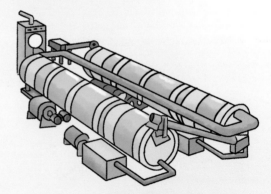

滚筒式堆肥反应器

物料从滚筒一端进料、尾端出料，设有筒体转动、曝气装置、除臭系统，实现物料连续进出、充分混匀、快速发酵

3. 什么是工厂化堆肥?

　　工厂化堆肥是指采用先进设备和管理方法，按照规模化、标准化、集约化要求建设的畜禽粪便堆肥工程，一般包括原料贮存、物料混合、好氧发酵、臭气处理等单元，具有处理能力强、机械化程度高、发酵效率高等特点，一般包括槽式、条垛式、覆膜式等形式，适用于粪污产生量比较大的规模养殖场。

①发酵周期一般为 20~30 天；
② 55℃以上高温维持 7 天以上；
③曝气风量 0.05~0.2 米 ³/（分钟·米 ³）

料仓

混料机

翻抛机

发酵槽

曝气风机

4. 堆肥过程中的臭味如何控制?

堆肥过程中会释放出氨气、硫化氢等有恶臭味或刺激性的气体, 也会有甲烷等温室气体排放, 影响人类的身体健康, 可通过调节堆肥原料碳氮比、疏松度, 添加除臭材料, 配套除臭设施等措施进行控制。

原位减臭措施包括调节碳氮比（20~40）∶1, 添加除臭材料、菌剂, 堆体氧气含量维持 5% 以上

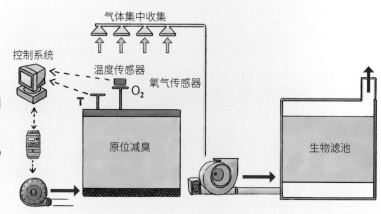

堆肥场区可采用除臭菌剂或药剂对产生臭气的重点区域进行喷淋除臭, 改善工作环境

二、什么是粪便养殖蚯蚓、黑水虻技术？

　　利用蚯蚓、黑水虻的进食及消化代谢作用，实现粪污无害化处理；同时蚯蚓和黑水虻也可用于生产蛋白饲料等高附加值产品。该技术资源化利用率较高，经济效益好，但需配套大量土地用于养殖，对养殖技术、管理水平要求较高。

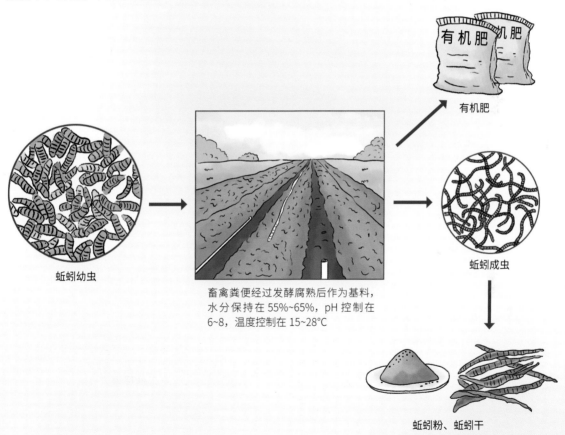

有机肥

蚯蚓幼虫

畜禽粪便经过发酵腐熟后作为基料，
水分保持在 55%~65%，pH 控制在
6~8，温度控制在 15~28℃

蚯蚓成虫

蚯蚓粉、蚯蚓干

第四章
常用液体粪污处理技术

一、什么是厌氧发酵技术?

　　厌氧发酵指在无氧或少氧状态下，利用厌氧菌或兼性厌氧菌分解粪便等有机物质，并产生沼气的过程，包括湿式厌氧发酵（干物质浓度一般为 12% 以下）和干式厌氧发酵（干物质浓度一般大于 20%）两种形式。液体粪污处理一般采用湿式厌氧发酵技术，通过厌氧发酵可产生沼气、沼渣和沼液等。干式厌氧发酵反应器容积产气率较高，沼液产生量少，沼渣可直接作为有机肥利用。

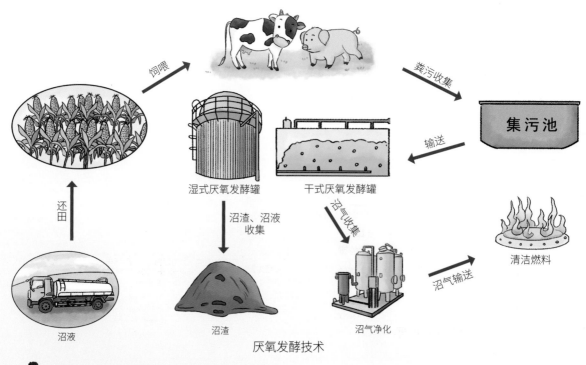

饲喂

粪污收集

输送

集污池

还田

湿式厌氧发酵罐

干式厌氧发酵罐

沼气收集

沼渣、沼液收集

沼气净化

沼气输送

清洁燃料

沼液

沼渣

厌氧发酵技术

1. 常见湿式厌氧发酵反应器类型有哪些?

常见湿式厌氧发酵反应器,根据发酵工艺的不同分为全混式厌氧反应器(CSTR)、上流式厌氧污泥床反应器(UASB)、升流式固体厌氧反应器(USR)等。

CSTR:设有搅拌装置,可使物料完全混合。该反应器对原料种类和进料浓度的变化具有较强的缓冲能力,处理效率和产气效率高,国内大中型沼气工程普遍采用该工艺。

UASB:不需要搅拌,污水自下而上通过反应器,反应器底部有一个高浓度、高活性的污泥床,对温度和 pH 变化的耐受性较强,适用于处理固液分离后的污水。

USR:原料从底部进入反应器内,形成自然搅拌,与反应器里的活性污泥接触,使粪污得到快速消化。该反应器有机负荷高,但含固率不能太高。

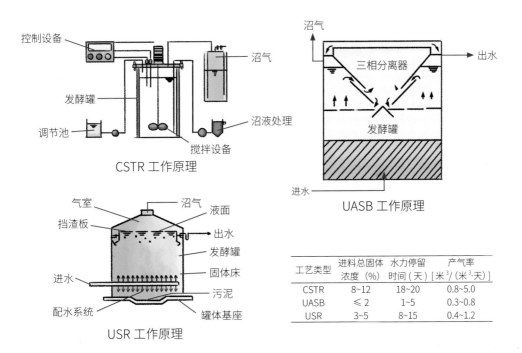

CSTR 工作原理

UASB 工作原理

USR 工作原理

工艺类型	进料总固体 浓度(%)	水力停留 时间(天)	产气率 [米³/(米³·天)]
CSTR	8~12	18~20	0.8~5.0
UASB	≤2	1~5	0.3~0.8
USR	3~5	8~15	0.4~1.2

2. 沼气如何利用？

　　湿式厌氧发酵产生的沼气有多种利用途径，可直接通过管道输送至周边农户作为燃料使用，如用于做饭、照明和供暖；也可用于发电，供养殖场内使用或并入电网；还可以经过净化提纯生产生物天然气，用于车载燃气或并入市政燃气管网使用。

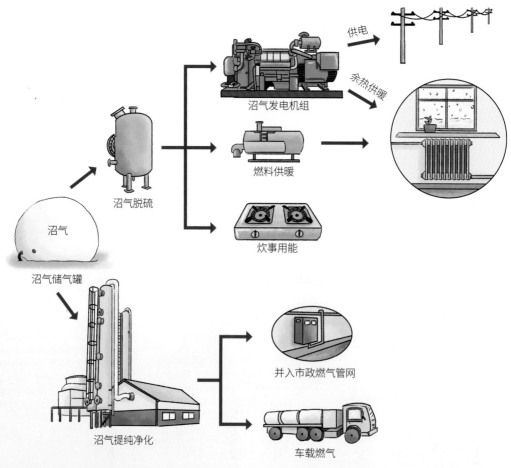

供电

余热供暖

沼气发电机组

燃料供暖

沼气脱硫

沼气

沼气储气罐

炊事用能

并入市政燃气管网

沼气提纯净化

车载燃气

3. 沼渣、沼液如何处理?

湿式厌氧发酵产生的剩余物经固液分离之后获得沼渣和沼液。沼渣可以经过堆沤腐熟后直接还田,也可作为商品有机肥、种植基质的原料。沼液可直接排入沼液池进行贮存发酵后还田利用,贮存时间一般为 60 天以上;也可经过浓缩后作液体肥,或经过污水深度处理后达标排放。

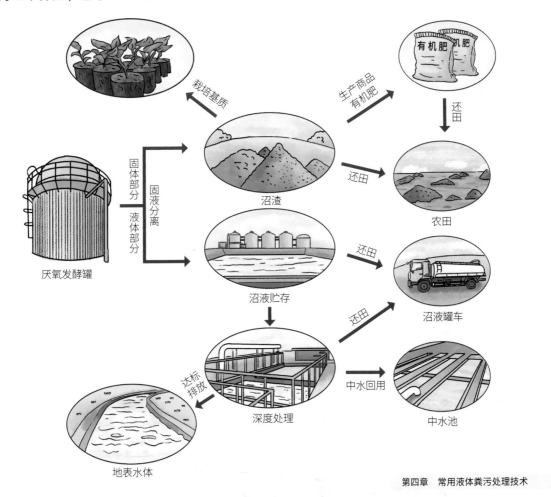

二、什么是贮存发酵技术？

粪水贮存发酵技术是指粪污收集至贮存池中后，通过兼氧或厌氧微生物反应达到无害化的技术。常见的贮存发酵包括敞口贮存、覆膜（密闭囊）贮存、酸化贮存和覆盖贮存等形式。由于敞口贮存发酵会有氨气和温室气体排放，污染养殖圈舍并造成养分损失，可在粪水表层覆盖塑料薄膜或稻草、秸秆等遮蔽物，降低氨气和温室气体排放；也可采用酸化贮存技术，提高粪水无害化处理效率，同时可降低粪水中氮素损失。常见的粪水酸化剂主要有硫酸、磷酸、明矾等，pH 一般调节至 5.5~6.5。

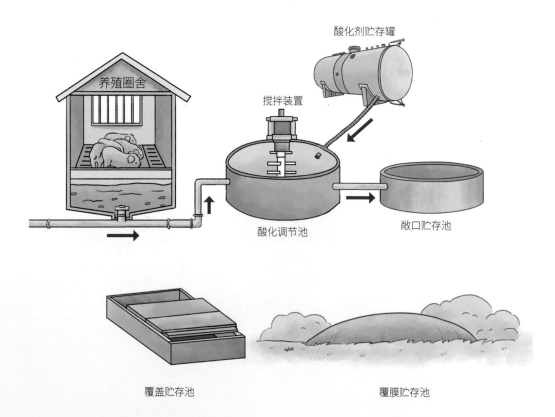

养殖圈舍

酸化剂贮存罐

搅拌装置

酸化调节池

敞口贮存池

覆盖贮存池

覆膜贮存池

三、什么是异位发酵床技术？

异位发酵床也称为舍外发酵床、场外发酵床，是在养殖圈舍外建发酵床，床体铺设木屑或秸秆等垫料，定期将养殖场粪污喷淋到垫料上，并通过翻抛混合后进行发酵和脱水。垫料可每半年更换一次。该技术可实现养殖场无污水排放，但对操作工艺要求较高，主要适用于我国南方地区。

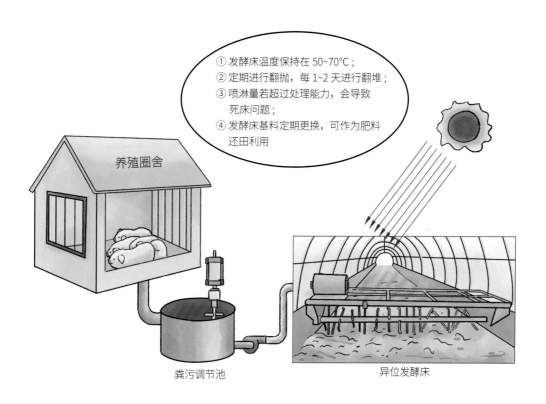

① 发酵床温度保持在 50~70℃；
② 定期进行翻抛，每 1~2 天进行翻堆；
③ 喷淋量若超过处理能力，会导致死床问题；
④ 发酵床基料定期更换，可作为肥料还田利用

养殖圈舍

粪污调节池

异位发酵床

四、什么是养殖粪水达标排放？需要达到什么样的标准？

　　达标排放也是养殖粪水的主要处理途径之一。所谓达标排放就是将养殖粪水处理后达到国家和地方相关排放标准。需达标排放处理粪水的养殖场应向生态环境部门申请排污许可证，经达标排放处理后须满足《畜禽养殖业污染物排放标准》（GB 18596—2001）等相关标准要求。

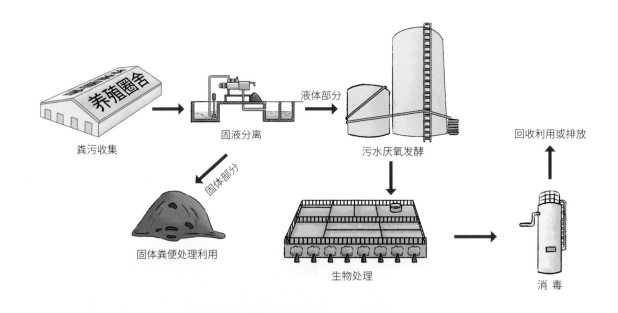

养殖业水污染物最高允许日均排放浓度
[引自《畜禽养殖业污染物排放标准》（GB 18596—2001）]

控制项目	五日生化需氧量（毫升／升）	化学需氧量（毫升／升）	悬浮物（毫升／升）	氨氮（毫升／升）	总磷（以 P 计，毫升／升）	粪大肠菌群数（个／100 毫升）	蛔虫卵（个／升）
标准值	150	400	200	80	8.0	1000	2.0

第五章
常用粪肥还田利用技术

一、粪肥有哪些类型？

粪肥主要包括畜禽粪便、沼渣等固体废弃物经好氧发酵制成的堆肥、商品有机肥，以及养殖粪水、沼液等液体废弃物，经兼氧贮存或酸化贮存制成的肥水或液体有机肥。

粪肥质量标准指标	堆肥 [《畜禽粪便堆肥技术规范》(NY/T 3443—2019)]	商品有机肥 [《有机肥料》(NY/T 525—2021)]	液体肥 [《沼肥》(NY/T 2596—2014)]
有机质含量（以干基计，%）	≥30	≥30	—
总养分（以干基计）	—	≥4%（以干基计）	≥80 克/升
水分含量（%）	≤45	≤30	—
水不溶物（克/升）	—	—	≤50
酸碱度（pH）	—	5.5~8.5	5~8
种子发芽指数（%）	≥70	≥70	—
机械杂质的质量分数（%）	—	≤0.5	—
蛔虫卵死亡率（%）	≥95	≥95	≥95
粪大肠菌群数（个/克）	≤100	≤100	≤100
总砷（As，以干基计，毫克/千克）	≤15	≤15	≤10
总汞（Hg，以干基计，毫克/千克）	≤2	≤2	≤5
总铅（Pb，以干基计，毫克/千克）	≤50	≤50	≤50
总镉（Cd，以干基计，毫克/千克）	≤3	≤3	≤10
总铬（Cr，以干基计，毫克/千克）	≤150	≤150	≤50

堆肥

二、固体粪肥如何施用?

固体粪肥主要以基肥或追肥形式施用。施用方式主要有人工撒施、撒肥车施用等，施用量根据作物种类、土壤养分含量等因素综合确定。

果树：穴施或条沟施，堆肥 2~8 米³/亩*，或商品有机肥 500~1000 千克/亩，或沼渣 3000~7500 千克/亩

大田作物：撒施或条沟施，堆肥 2~3 米³/亩，或商品有机肥 500~1000 千克/亩，或沼渣 3000~4000 千克/亩

蔬菜：移栽前，撒施或穴施，堆肥 5~8 米³/亩，或商品有机肥 400~800 千克/亩，或沼渣 5~8 米³/亩

茶叶：条沟施，堆肥 150~300 千克/亩，或沼渣 2~3 米³/亩

---

* 亩为我国非法定计量单位，1亩 ≈ 667 米²。 ——编者注

三、液体粪肥如何施用？

液体粪肥主要以基肥或追肥形式施用，施用方式主要有漫灌、喷灌、滴灌、注入式施肥等，施用量根据作物种类、土壤养分含量等因素综合确定，但要注意避免产生面源污染。施肥量一般为：蔬菜 3~4 米 ^{3}/ 亩，果树 30~100 米 ^{3}/ 亩，茶叶 400~500 千克 / 亩（与水 1:1 稀释），大田作物 2~5 米 ^{3}/ 亩。

漫灌

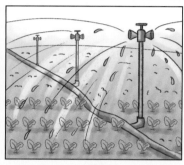

喷灌

滴灌

注入式施肥

四、养殖场配套消纳农田面积如何确定？

养殖场配套消纳农田面积，可参考《畜禽粪污土地承载力测算技术指南》中的要求进行测算。

以采用"固体粪便堆肥外供 + 肥水就地利用"模式粮食作物种植为例，粪肥利用比例 50%、当季利用率 25% 时不同畜禽品种土地承载力

生猪 2.3 头 / 亩

鸡等家禽 58 只 / 亩

肉牛 0.7 头 / 亩

奶牛 0.36 头 / 亩

第六章
畜禽粪污肥料化利用模式

一、东北区应选择什么模式?

　　东北区：主要包括黑龙江、吉林、辽宁全省和内蒙古东部地区。这些区域地势平坦，土壤肥沃，气温低，降水量较少，农田集中连片，是我国重要的商品粮生产基地。生猪养殖可以推行水泡粪和贮存发酵就近还田利用模式，奶牛养殖可以推行固体粪便垫料利用、液体粪污贮存发酵就近还田利用，推广使用有机肥机械施用，促进黑土地地力保护和提升。

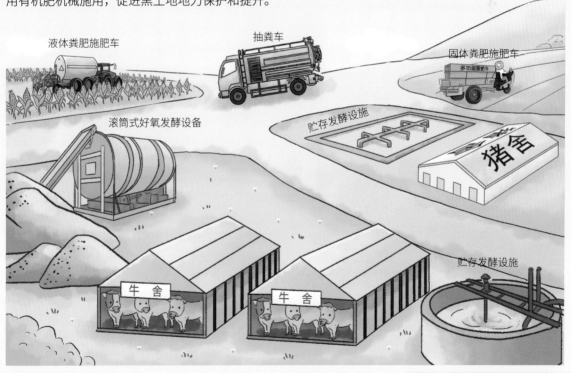

液体粪肥施肥车
抽粪车
固体粪肥施肥车
多功能撒肥车
滚筒式好氧发酵设备
贮存发酵设施
猪舍
贮存发酵设施
牛舍
牛舍

二、黄淮海区应选择什么模式？

黄淮海区：主要包括北京、天津、河北、山东、河南，以及安徽北部、江苏北部等区域。这些区域地势平坦，年均降水量较少，是我国重要的商品粮生产基地，也是我国蔬菜、水果和油料集中种植区，耕地流转率比较高。奶牛、生猪养殖推行堆肥、沼气发酵、贮存发酵就近还田利用等模式，家禽推行堆肥就近还田利用模式。鼓励推行固体粪便膜堆肥、反应器堆肥，液体粪污采用密闭覆盖、酸化处理等臭气减排措施。在小麦、玉米、水果和蔬菜种植区域，推进农用有机肥还田利用。

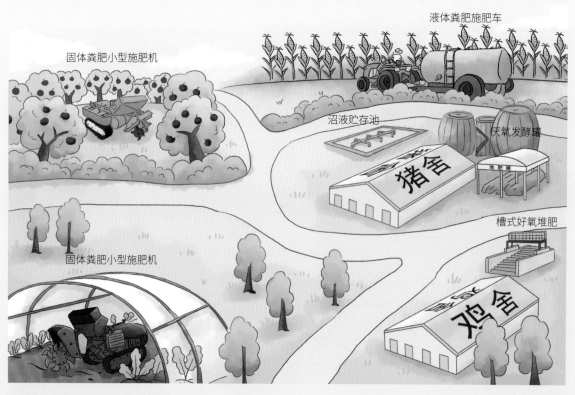

固体粪肥小型施肥机

液体粪肥施肥车

沼液贮存池

天氧发酵罐

固体粪肥小型施肥机

猪舍

地肥罐

槽式好氧堆肥

鸡舍

三、西北区应选择什么模式？

西北区：主要包括山西、陕西、甘肃、宁夏、新疆、青海全域，内蒙古中西部地区。这些区域内降水量少、蒸发量较大，是我国草食畜牧业优势产区。奶牛养殖推行固体粪便垫料利用、液体粪污贮存发酵就近还田利用模式，肉牛和羊养殖推行粪污堆肥利用模式。鼓励推行固体粪便膜堆肥等处理技术。在玉米、牧草、蔬菜和水果种植区域，推广固体粪肥机械撒施和液体粪肥拖管式施用等技术。

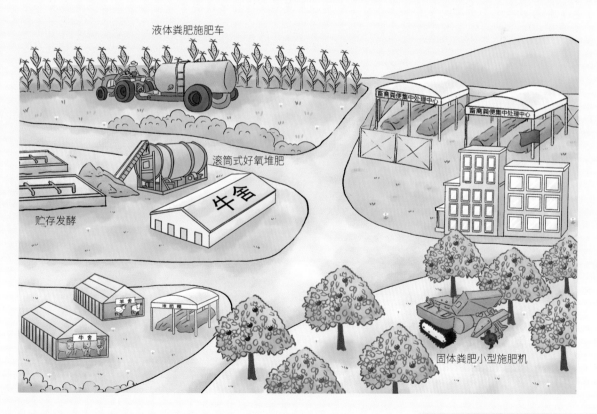

液体粪肥施肥车

滚筒式好氧堆肥

贮存发酵

牛舍

畜禽粪便集中处理中心

固体粪肥小型施肥机

四、西南区应选择什么模式？

西南区：主要包括重庆、贵州、云南、西藏全域及四川大部分地区。这些区域主要是丘陵山地，年均降水量较大，畜禽粪肥还田利用条件差。生猪养殖量比较大，作物主要是玉米、水稻、茶叶、蔬菜、水果等。重点推广粪污沼气发酵、贮存发酵、异位发酵床等技术，以经济作物种植基地为重点，兼顾玉米、水稻，推广管网式、小型机械撒施等机械施用方式。

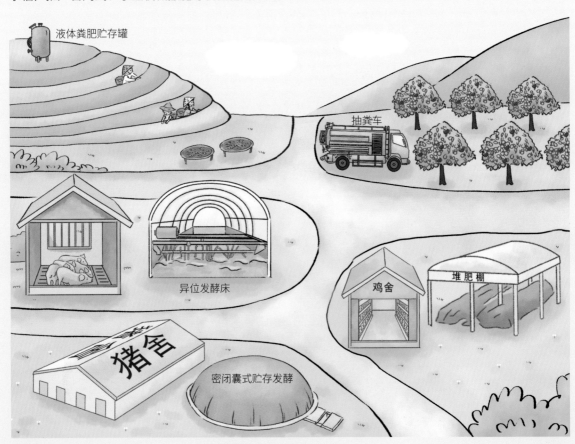

液体粪肥贮存罐

抽粪车

异位发酵床

鸡舍

堆肥棚

猪舍

密闭囊式贮存发酵

五、长江中下游平原和成都平原区应选择什么模式?

长江中下游平原和成都平原区：主要包括四川成都平原地区、安徽中南部、江苏中南部、湖南北部、江西北部、浙江北部及以上海、湖北全域。这些区域是我国粮食、油料和蔬菜主产区，地势平坦，水系发达，农业面源污染防治压力大。养殖场主要推广粪污堆肥、沼气发酵、贮存发酵、异位发酵床等技术，在水稻、蔬菜、水果、茶叶种植基地，推广管网式、机械撒施等机械施用方式。如有需要，可采用液体粪污处理后达标排放或中水回用技术模式。

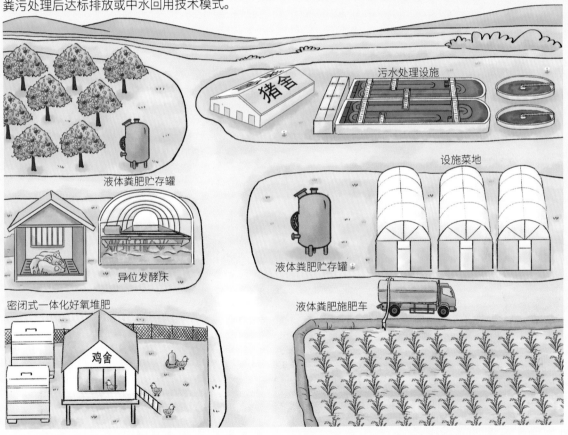

六、南方丘陵区应选择什么模式？

南方丘陵区：主要包括湖南南部、江西南部、浙江南部以及福建全域。这些区域地形主要是丘陵山地，年均降水量较大。畜禽养殖以猪、家禽为主，大田作物以水稻为主，水果、茶叶等经济作物种植面积大。固体粪便以堆肥处理为主，液体粪污重点推广沼气发酵、异位发酵床、贮存发酵等模式，以高效经济作物利用为重点，兼顾水稻种植，推广管网式、机械撒施等粪肥施用方式。

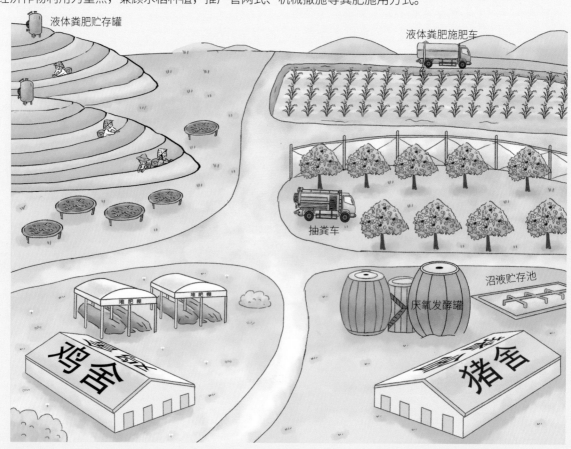

七、华南区应选择什么模式？

华南区： 主要包括广东、广西、海南全域。这些区域地形主要是丘陵山地，高温多雨，水网稠密。畜禽养殖以生猪、家禽为主，是重要糖料、水稻和热带水果种植区，主要推广粪污堆肥、沼气发酵、贮存发酵等技术模式。在水稻、甘蔗和热带水果种植区，推广管网式、机械撒施等机械施用方式。

液体粪肥贮存罐
设施菜地
液体粪肥贮存罐
堆肥棚
牛舍
猪舍
异位发酵床
沼液贮存池
抽粪车
堆肥棚
鸡舍
庆氧发酵罐

图书在版编目（CIP）数据

图说粪污变粪肥：畜禽粪污肥料化利用技术与模式／农业农村部规划设计研究院编绘. —— 北京：中国农业出版社，2022.11（2025.2重印）
ISBN 978-7-109-30078-1

Ⅰ.①图… Ⅱ.①农… Ⅲ.①畜禽-粪便处理-废物综合利用-图解 Ⅳ.①X713.05-64

中国版本图书馆CIP数据核字(2022)第176549号

中国农业出版社出版
地址：北京市朝阳区麦子店街18号楼
邮编：100125
责任编辑：周锦玉
责任校对：吴丽婷
印刷：北京缤索印刷有限公司
版次：2022年11月第1版
印次：2025年2月北京第10次印刷
发行：新华书店北京发行所
开本：880mm×1230mm 1/24
印张：$1\frac{2}{3}$
字数：42千字
定价：20.00元